DÉCOUVERTE

du

PORPHYRE NAPOLÉON

en Corse,

par M: RAMPASSE.

Papier-Vélin.

V

DÉCOUVERTE

DU

PORPHYRE NAPOLÉON

EN CORSE,

PAR M. RAMPASSE.

LETTRE DE M. RAMPASSE,

CI-DEVANT

OFFICIER D'INFANTERIE LÉGÈRE CORSE;

A M. FAUJAS-DE-SAINT-FOND.

Bastia, 8 Janvier 1806.

JE réponds, Monsieur, au désir que vous m'avez témoigné, à mon départ de Paris, d'avoir des détails sur mes recherches minéralogiques en Corse, et notamment sur le granit orbiculaire de cette île, dont on n'a reconnu jusqu'à présent qu'un seul bloc isolé : je vais avoir l'honneur de vous entretenir de mon voyage, entr'autres de l'excursion qui m'a occasioné le plus de fatigue.

D'après les renseignemens que j'avois déjà sur diverses localités intéressantes de la Corse et sur celle du granit en question, à la recherche duquel vous m'aviez tant encouragé en me remettant vos notes indicatives, je fis mon plan de voyage en conséquence.

Il s'agissoit dans ce plan d'aller visiter l'intérieur de la *Pieve d'Orezza* : j'allai d'abord reconnoître la haute montagne dite *Santo-Pietro-de-Rostino*, d'où provenoient les masses énormes de quartz, mêlé de diallage verte, dont le lit du ruisseau du village de *Stazzona* est encombré. Je n'entrerai point dans ce moment dans les détails sur les raisons qui doivent faire rejeter la dénomination impropre de *verde antico di orezza*, qu'on avoit d'abord donnée à cette pierre. Après cette visite, je voulois me diriger sur le *Liamone* par la *Pieve de Caccia*, mais la température excessivement chaude qui régnoit alors m'en empêcha : ce ne fut que vers la fin du mois d'août suivant, que j'entrepris ce grand voyage.

Avant de vous donner des détails sur l'excursion que je fis dans le *Liamone*, permettez-moi de vous parler d'une nouvelle roche que j'ai découverte dans le

Niolo : elle est d'une composition et d'une contexture particulière; je ne l'avois encore vue nulle part. Voici la marche que j'ai tenue pour arriver à l'endroit où j'ai trouvé cette belle pierre.

Me dirigeant sur la ligne que je m'étois tracée en partant de *Bastia*, j'ai non-seulement suivi quelques chaînes de montagnes du nord-ouest au sud, et de l'est à l'ouest; mais encore j'ai traversé plusieurs vallons et tourné des golfes considérables qui les séparent en sens divers. Lorsque je fus dans la *Pieve d'Ostriconi*, où commence la chaîne qui partage l'île dans sa longueur jusque vers son extrémité au sud, je parcourus les montagnes les plus élevées qui se présentoient à moi, entre autres celle du *Niolo*, nommée dans le pays *Monte-Pertusato* (parce qu'elle est percée à son sommet). Sa base me parut intéressante par des masses détachées et d'autres qu'on retrouve en place, de jaspes et de porphyres de plusieurs variétés. Je suivis le vallon qui conduit au lieu dit *Santa-Maria-la-Stella*. Entre ces deux points, sud-ouest du premier, et sud du second, à distance égale de l'un et l'autre, est une montagne couverte de bois et assez considérable, sur le flanc de laquelle je découvris, du côté du couchant, un bloc de pierre, presque carré, d'environ quatre pieds et demi sur trois de largeur, enfoncé dans la terre, laissant voir sur une de ses faces des corps globuleux, remarquables par leur disposition et leur couleur, et engagés dans la masse pierreuse : les uns avoient environ un pouce de diamètre, les autres étoient plus ou moins grands; tous offroient dans leur ensemble un caractère particulier que je n'avois encore remarqué dans aucune pierre. Ce bloc ne présentoit dans sa partie découverte qu'environ six pouces de surface ; et pour connoître ses dimensions, j'enlevai la terre qui le couvroit : je reconnus alors qu'il avoit deux pieds et quelques pouces d'épaisseur. J'observai aussi que ses angles étoient droits et tranchans; ce qui me fit croire qu'il n'avoit jamais été déplacé depuis qu'il étoit là, d'autant que la partie du talus de la montagne où il étoit est à nu, et que parmi les blocs et les masses de nature différente qui l'avoisinent, il est le seul environné et presque couvert par de la terre végétale : je ne pus en détacher qu'une masse d'environ quatre-vingts livres ; le reste étoit trop volumineux et trop lourd.

Lorsque cette pierre fut détachée et vue au grand jour, elle me parut si belle, si extraordinaire; elle me parut si digne de faire le pendant du magnifique granit orbiculaire de Corse, dont la célébrité est si connue; et elle différoit en même temps si fort de ce granit, que je crus que ce rare morceau seroit digne d'être offert, comme une merveille de la Corse, à celui qui, né en Corse, est devenu la merveille du monde.

Vous croiriez, monsieur, qu'il y a de l'exagération dans ce que je vous dis,

si je ne vous faisois pas connoître cette pierre : en voici la description telle que
je puis la faire sur les lieux.

« Cette roche, dont le fond paroît porphyroïde, a sa pâte composée d'élémens
» pierreux, de nature pétro-siliceuse, irrégulièrement disposés en petits grains,
» en points, en linéamens plus ou moins contournés, se liant les uns aux autres,
» et variés de couleur, en raison des divers degrés d'altération qu'a éprouvés le
» principe ferrugineux très-abondant dans cette roche ; néanmoins son aspect
» général, vu à une certaine distance, est le brun rougeâtre mêlé de taches
» blanches lavées de rose.

» C'est au milieu d'une telle pâte qu'on observe des corps sphéroïdes régu-
» liers d'un à trois pouces de diamètre, épars çà et là à des distances inégales,
» et implantés dans la masse de la pierre, le système de formation de ces espèces
» de boules ne peut être considéré que comme le résultat d'une cristallisation
» globuleuse qui auroit eu lieu rapidement, et non comme celui de géodes qui
» se seroient formées à part et qui auroient été enveloppées postérieurement
» dans une substance porphyritique.

» Le mode de cristallisation dont il s'agit a ceci de remarquable, qu'on
» ne sauroit s'en former une idée exacte, qu'en se représentant un cercle dans
» lequel une multitude de petits corps pierreux, oblongs et comprimés, de na-
» ture pétro-siliceuse, très-rapprochés les uns des autres, se seroient dirigés en
» rayons, et comme bout à bout, depuis la circonférence vers le centre du
» cercle ; ce qui leur donne l'apparence de rayons divergens : et il en est résulté
» un solide globuleux qu'on pourroit faire partir à coups de marteau de la place
» qu'il occupe, où il laisseroit alors un vide et comme un nid. La tendance à
» la cristallisation étoit telle, qu'on voit autour des corps sphériques dont il
» est question, dans la pâte de la pierre même, la matière du feld-spath, qui,
» d'après la tendance qu'elle avoit à se rapprocher vers un même centre, a
» formé une espèce d'auréole ou des zones qui entourent plusieurs des globes ;
» ce qui est plus facile à observer qu'à décrire. Aussi seroit-il nécessaire de
» voir cette rare et magnifique roche pour s'en former une idée juste et précise. »

Voici les dimensions du morceau que j'apporterai.

Il a dix-sept pouces de largeur sur douze pouces de hauteur ; sept pouces
d'épaisseur dans sa base : le côté que je ferai scier et polir présentera quinze à
seize globules, parmi lesquels on en remarquera plusieurs qui sont liés, unis
et enchâssés les uns dans les autres.

Cette découverte, qui étoit bien faite pour séduire un naturaliste, auroit sans
doute mérité que je me fixasse pour long-temps dans les environs ; mais comme
la saison propice pour parcourir les montagnes étoit trop avancée, je profitai

du temps qui me restoit encore pour me rendre dans le *Liamone*, au golfe de *Valinco*.

Je suis donc arrivé à ce golfe par le village d'*Olmetto*, ainsi que l'indiquoit la note que vous aviez eu la complaisance de me remettre pour la recherche du granit orbiculaire; il s'agissoit ensuite d'aller à *Taravo*. Avant de m'y rendre, je reconnus le gisement des masses qui recouvroient le sol environnant dans divers vallons à moyenne hauteur, et par un chemin à mi-côte au sud-ouest, je me rendis à la *Stazzona*, qui est le point dans la plaine de *Taravo* où la petite masse isolée de granit orbiculaire fut trouvée en 1782 par le général Sionville. Je fouillai les *makis* qui recouvrent une partie du monticule où est située la *Stazzona*, et j'en parcourus toute l'étendue dans les plus petits détails Je sondai le petit *lac* qui en est un peu éloigné; je visitai aussi le bord de la mer : je sondai également la rivière, et la fis visiter par des nageurs sur différens points; je la suivis même sur les deux rives à plus d'une lieue et demie, et ne trouvant rien par ces moyens, je pris le parti de parcourir quarante-cinq milles de surface au-dehors de la *Stazzona*.

Je cherchai à m'assurer de la composition des granits qui gisoient sur les hauteurs qui forment le grand vallon de *Taravo*; j'attaquai les roches qui se présentèrent à moi : ce moyen me parut de quelque succès, puisque je trouvai des échantillons dont la composition avoit quelque rapport avec le granit en question.

Après avoir poursuivi encore mes recherches, je rentrai dans le lit du *Taravo* et j'en parcourus les deux rives à plus de deux lieues : au moment où je redoublois encore d'efforts pour achever en entier cet examen, je fus obligé de désemparer la place par l'effet des neiges et des pluies qui se succédèrent (étant alors au mois de décembre).

Je réunis les divers échantillons de roches que je m'étois procurés au *Valinco*, et après en avoir fait un examen comparatif avec le granit orbiculaire, j'ai reconnu que, dans quelques-uns de ces échantillons, l'horn-blende et le feld-spath s'y trouvent, mais non dans le même ordre ni dans le même arrangement; néanmoins je crois qu'on peut inférer de ces échantillons, qu'en achevant la visite que j'avois déjà commencée sur les deux rives du torrent, on parviendroit peut-être à découvrir les masses primordiales du beau granit orbiculaire dont on n'a pu voir jusqu'ici qu'une petite masse partielle, dont les angles étoient abattus, et qui avoit été trouvée isolée sur le sable de la plage de *Taravo*, à une demi-lieue de la mer, dans le golfe de *Valinco*.

D'après les renseignemens que je me suis procurés dans cette occasion, je crois avoir acquis la certitude que la petite masse de ce granit déjà connue, n'est provenue d'autre part que de Corse; car vous savez bien, monsieur, que plusieurs naturalistes avoient formé diverses conjectures à ce sujet.

Dans le cours de ce voyage pénible, j'ai eu occasion de faire aussi la découverte d'une mine de fer dont le filon a une demi-lieue de longueur, et qui n'étoit pas connue. Voici quelques détails à ce sujet.

Après avoir passé la rivière de la *Sposata*, pour arriver à *Calvy* par la partie du sud, dans une plaine au-dessus du village de *Calenzana*, et à l'est de *Galleria*, je trouvai un filon de mine de fer, placé horizontalement dans une terre jaune qui se perd et qui se retrouve à différentes distances dans sa longueur, et dont le minerai se présente sous trois aspects différens. D'abord il paroît avec le caractère de *fer limoneux*, disposé par couches minces, mêlé à une terre ocracée jaunâtre; ensuite il se montre en *fer noirâtre pesant*, compact et presque entièrement dégagé de toute substance hétérogène : et sous un troisième aspect enfin, celui de *sphéroïdes* allongés, de quatre à cinq pouces de diamètre, s'exfoliant à sa surface, comprimé d'ailleurs de deux côtés ; ce qui lui donne des angles par intervalles. La composition et le caractère sablonneux qui le constituent, me feroient lui donner la dénomination de *fer arénacé*. Je me procurai les échantillons nécessaires pour fournir aux essais que j'avois intention de faire.

Ayant reconnu dans ces essais qu'on pourroit tirer un grand avantage de cette mine, j'envoyai à MM. les administrateurs du conseil des mines plusieurs échantillons provenans de ce filon, en les priant de me faire connoître les résultats de leurs opérations.

Souffrez, monsieur, que je vous entretienne présentement de quelques réflexions auxquelles mon voyage a donné lieu.

C'est dans l'étendue de plus de cent lieues de pays que je viens de parcourir dans les montagnes, dans les vallons, dans les plaines et dans les environs des golfes, que je me suis convaincu que la Corse n'étoit que très-peu connue sous les rapports minéralogiques, et je vais en déduire les raisons.

1.º Parce que les naturalistes qui ont vu ce pays, qui est extraordinairement difficile à parcourir, d'abord par le grand éloignement l'une de l'autre où se trouvent les habitations dans l'intérieur, et par l'accès très-pénible de ses montagnes, n'avoient pas eu, je crois, comme moi, la patience d'aller à pied aussi long-temps que je le fis dans ce dernier et long voyage (car c'est le quatrième que j'ai effectué dans l'île), et n'avoient pu aussi facilement que moi atteindre des lieux non frayés, ne connoissant point le langage ni les usages de nos montagnards ; avantage bien grand que j'avois sur eux.

2.º Que pour parcourir en détail un pays tel que la Corse, il est des privations des premières nécessités, auxquelles il faut se soumettre, parce que les habitations de l'intérieur des montagnes sont en général, dans des lieux aussi inaccessibles, dépourvues des commodités de la vie.

3.º Et enfin, l'on sait fort bien d'ailleurs que pour examiner les choses dans les plus petits détails, il faudroit faire des stations fréquentes et souvent plus longues que l'on ne pense : la roche porphyritique nouvelle et la mine que j'ai découverte en fournissent une preuve ; et je dois vous avouer que j'ai découvert l'une et l'autre dans des lieux où des observateurs fort éclairés avoient passé, mais où ils n'avoient pu séjourner, parce qu'il n'y a point d'habitations dans cette partie.

Je ne vous parlerai pas, monsieur, dans ce moment, de quelques roches que je possède, et que je n'ai vues encore nulle part ; elles feront le sujet particulier d'un tableau minéralogique que je me propose de publier un jour, lorsque la Corse me sera plus connue encore. J'y joindrai des réflexions sur les causes qui m'ont toujours porté à croire, que la nature a semblé vouloir donner une sorte de préférence à la Corse, en l'enrichissant de ses plus beaux dons.

J'ai l'honneur d'être, etc.

RAMPASSE.

RÉPONSE

DE M. FAUJAS-DE-SAINT-FOND

A LA LETTRE DE M. RAMPASSE.

Paris, le 10 mai 1806.

J'ai reçu avec le plus vif intérêt, Monsieur, les détails instructifs que vous avez eu la complaisance de me faire parvenir par votre lettre datée de Bastia le 8 janvier, relativement à votre dernier voyage dans les montagnes de la Corse. Je ne tarderai pas à faire part de vos utiles recherches à l'Administration du Muséum d'Histoire Naturelle, qui verra avec le même plaisir que moi tout ce que vous venez de faire pour la minéralogie dans un pays aussi curieux, mais dont les montagnes sont d'un si difficile accès.

Il eût été bien à désirer qu'on eût pu reconnoître dans quelle partie de ces montagnes existent les masses ou les filons, qui ont donné naissance à ce fameux bloc isolé de granit orbiculaire, trouvé autrefois par M. de Sionville dans la petite plaine du *Taravo*, et qui est l'unique qu'on ait vu jusqu'à présent.

Mais si les circonstances ne vous ont pas permis dans ce voyage d'aller aussi avant que vous l'auriez souhaité dans l'intérieur de la chaîne, dont le bloc peut avoir été arraché par l'effet de quelques-unes de ces grandes révolutions dont tout atteste l'existence, consolez-vous : ce que vous n'avez pu faire dans cette première tournée pourra avoir lieu dans un second voyage que vous entreprendrez probablement dans une saison plus favorable ; et nous saurons enfin, d'après vos recherches, à quoi il faudra s'en tenir à ce sujet.

Mais la nouvelle découverte que vous venez de faire a de quoi vous dédommager amplement, Monsieur, des fatigues que vous avez éprouvées. Le porphyre ~~globuleux~~, ou plutôt la roche porphyritique qui renferme des boules si remarquables et si singulières de feld-spath, est aussi curieux à mes yeux et non moins extraordinaire que le granit orbiculaire sur lequel je vous avois demandé avec instance des renseignemens. Votre roche porphyritique est absolument neuve en minéralogie ; c'est une belle découverte dont je vous fais mon compliment : cela seul valoit le voyage. Il faut convenir, Monsieur, que votre Corse, autrefois si peu connue, produit des choses aussi étonnantes en merveilles de la nature qu'en merveilles de l'espèce humaine.

Tout à vous.

F A U J A S